Martin Eder

Zusammenfassung des Buches "Stadtgeographie I. Allgemeine Stadtgeographie" von Heinz Fassmann

GRIN Verlag

Bibliografische Information der Deutschen Nationalbibliothek:

Die Deutsche Bibliothek verzeichnet diese Publikation in der Deutschen National-bibliografie; detaillierte bibliografische Daten sind im Internet über http://dnb.d-nb.de/ abrufbar.

Impressum:

Copyright © 2015 GRIN Verlag, Open Publishing GmbH
Druck und Bindung: Books on Demand GmbH, Norderstedt Germany
ISBN: 978-3-668-00776-5

Dieses Buch bei GRIN:

http://www.grin.com/de/e-book/301720/zusammenfassung-des-buches-stadtgeo-graphie-i-allgemeine-stadtgeographie

Inhaltsverzeichnis

1. Definition

- Stadtgeographie befasst sich mit der **physischen Umwelt** einer Stadt sowie mit **sozialen, wirtschaftlichen und politischen Strukturen und Prozessen**
- Konzentration auf unterschiedliche Maßstäbe
- stadtgeographische Betrachtungsweise: Verknüpfung von physischen und sozialen Umweltmerkmalen auf Strukturen und Prozesse im städtischen Kontext ! Integration von Raum und Gesellschaft !
- Stadtgeographie als Wachstumsdisziplin

1.1 Stadtgeographie oder Stadtgeographien: paradigmatische Zugänge

- Stadt als Kontrollinstanz einer globalisierten Wirtschaft

1.1.1 Kulturhistorisch-morphologischer Ansatz

- bauliche und physische Struktur, sowie historische Entwicklung einer Stadt im Vordergrund
- Auf- und Grundrissanalyse
- Physische Struktur: Straßengrundriss, Gebäudetyp, Wohnungsgrundriss → aussagekräftig über Geschichte der Stadt und Prozesse sozialer Differenzierung
- Grundrissstruktur zur Analyse von Funktionen, Geschichte und soziale und politische Struktur

1.1.2 Funktioneller Ansatz

- Analyse von Funktionen von bestimmten Orten und Objekten in der Stadt
- Verknüpfung mit der Theorie der zentralen Orte

1.1.3 Vergleichender Ansatz

- Stadt als Ergebnis eines übergeordneten wirtschaftlichen, politischen und sozialen Entwicklungsprozesses und Resultat der kulturellen oder politischen Beugung des generellen Trends
- alle Prozesse, die mit der Stadtentwicklung zusammenhängen und dort Relevanz besitzen, sind durch das jeweilige kulturelle oder politische Umfeld geprägt und auch gebrochen

1.1.4 Sozialgeographischer (sozialökologischer Ansatz)

- Gesellschaft steht im Vordergrund; gesellschaftliche Prozesse zur Begründung der physisch-materiellen Struktur der Stadt
- Wahrnehmung der handelnden Subjekte spielt eine zentrale Rolle; subjektive Raumwahrnehmung, „Mental Maps“

1.1.5 Regionalökonomischer Ansatz

- Fokussierung auf wirtschaftliche Prozesse und Verknüpfung mit der Stadt
- Stadt als Ergebnis wirtschaftlichen Handelns und als besonderer Standort mit spezifischen Standortfaktoren

- Stadt offeriert Standortvorteile, die die Wettbewerbsfähigkeit eines dort angesiedelten Unternehmens heben
- analysiert Fragen, welche Unternehmen die Stadt brauchen und welche Qualität die Stadt als wirtschaftlicher Standort besitzt

1.1.6 Strukturtheoretischer Ansatz

- Art und Weise der gesellschaftlichen Produktionsverhältnisse im Mittelpunkt → Schaffung bestimmter sozialer Strukturen und Machtverhältnisse, die sich in der Stadt niederschlagen
- beobachtet, ob sich gesellschaftliche Großtheorien in der städtischen Realität wiederfinden lassen

1.1.7 Kulturalistischer Ansatz

- Ansatz entfernt sich von der Stadt als physisch-materielles Phänomen; Stadt als Ansammlung von Gebäuden und Straßen
- Bühne für unterschiedliche kulturelle Interaktionen, Gedächtnisort und Transporteur von Symbolen
- Stadt als **Ergebnis kulturellen Handelns**
- kulturelles Inventar zu einem politisch planerischen Instrument
- Vereinigung von Kultur und Markt

1.2 Raumkategorien

Mit welchem Raumkonzept wird, in Abhängigkeit von dem jeweils verfolgten Forschungsansatz, gearbeitet?

1.2.1 Realobjektraum

- wichtig für den kulturhistorisch-morphologischen Ansatz
- durch Vermessung und objektiver Beobachtung erfasster Ausschnitt der Erdoberfläche
- Abbild des Realen, unverzerrt und unverfälscht durch Wahrnehmung; nur das wiedergebend, was sicht- und unmittelbar wahrnehmbar ist
- Realobjektraum als „Containerraum", in dem materielle Dinge verortbar sind

1.2.2 Relativer Handlungsraum

- handlungsorientierter Ansatz
- durch funktionelle Verflechtungen aufgespannt und definiert einen anderen Raumtypus als Realobjektraum
- flexibler Raum des Handelns; funktioneller Raum als Ort sozialer Interaktion
- technisch, sozial und ökonomisch unterschiedlich gewichtetes Geflecht von Standorten
- Aktionsräume werden aufgespannt, welche sich durch Handlungen und Kommunikation ergeben
- bei jeder Veränderung (technisch, technologisch) wandelt sich der Aktionsraum

1.2.3 Kognitiver Raum

- kulturalistische Stadtforschung
- basiert auf Wahrnehmung und Handlung; wird von den Köpfen der Menschen geformt
- vom Abbild der realen Welt zum subjektiv verzerrten Gebilde
- Wahrnehmungsraum wichtig, um individuelles und kollektives Handeln zu verstehen; er, nicht Realobjektraum wirkt handlungsauslösend → Mental Maps

1.2.4 Öffentlicher und privater Raum

- öffentlicher Raum ist frei zugänglich; Nutzungsmöglichkeiten von öffentlicher Hand bestimmt; unterliegt öffentlicher Kontrolle, Nutzung erfolgt anonym und massenhaft
- Zugang zu privaten Räumen streng limitiert; der Öffentlichkeit verschlossen, Nutzer sind dem Besitzer bekannt
- halböffentlicher Raum: Einkaufszentrum
- islamisch-orientalische Stadt: Sackgassen nicht für die Öffentlichkeit bestimmt

1.2.5 Mikro-, Meso- und Makroraum

- **Mikroraum**: punktförmige Verortung; Analysen umfassen hier das Einzelobjekt; eindeutige Verortung; Analysen detailliert, aber schwer auf übergeordnete Ebene übertragbar; Betrachtungsmaßstab groß
- **Mesoraum**: umfasst Stadtviertel; Aussagen flächenhaft; mittlerer Maßstab, wobei Erkennbarkeit der innerstädtischen Differenzierung wesentlich ist
- **Makroraum**: Stadt als punktförmiges Objekt; keine innerstädtische Differenzierung; Ausgangspunkt für zwischenstädtische Analysen
- systematische Maßstabswechsel nötig, um städtische Phänomene valide analysieren zu können

1.3 Zeitkategorien

- unterschiedliche Zeitkonzepte zur Analyse unterschiedlicher Funktionen

1.3.1 Periodenbildung

- homogene historische Phasen werden anhand von Brüchen oder signifikanten Ereignissen definiert
- Periodisierung von Forschung konstruiert

1.3.2 Zyklen

- Zyklen implizieren dauernde Wiederkehr
- sind nicht fest, stellen Forschungsprozesse dar
- **Filtering-Down-Modell**: schrittweise Abwertung eines Stadtteils geleitet vom Wegzug der mobilen und kaufkräftigen Wohnbevölkerung oder des Kapitals eingeleitet
- Stadtteil beginnt zu verfallen: Schließung von Läden, Wegzug der Reichen
- Kehrtwende: Filtering-Up
- Zyklus vor allem in liberal-kapitalistischen Städten

Zyklusmodell der Stadtentwicklung: Leo van den Berg
1. **Urbanisierung**: Bevölkerungswachstum im Kern der Stadt, Konzentration von Funktionen und bauliche Verdichtung ➔ Lebensqualität sinkt, keine kostengünstigen Flächen für Unternehmer
2. **Suburbanisierung**: Verlagerung von Nutzungen und Bevölkerung aus der Kernstadt, dem ländlichen Raum und anderen metropolitanen Gebieten in das städtische Umland bei gleichzeitiger Reorganisation der Verteilung von Nutzungen und Bevölkerung in der gesamten Fläche des metropolitanen Gebiets
3. **Desuburbanisierung**: großräumige, interregionale Dekonzentration der Wohnbevölkerung und der Unternehmen ➔ ländliche Regionen und kleinere Gemeinden profitieren; funktionale Loslösung von der Kernstadt, weil harte Standortfaktoren flächendeckend vorhanden sind ➔ Industrialisierung und Tertiärisierung der ehemals ländlichen Regionen
4. **Reurbanisierung**: wegen Verkehrsbelastung, Staus; mögliche Gentrification citynaher Wohnquartiere

Race-Relation-Cycle
- charakteristische Eingliederungsphase einer zugewanderten Bevölkerung, die mit spezifischen Segregationsmustern gekoppelt ist

Lebenszykluskonzept
- wiederkehren der Wechsel des Wohnstandortes innerhalb der Stadt kombiniert mit demographischen Ereignissen

1.3.3 Rhythmische Phänomene
- wiederkehrende Ereignisse mit einer festen Zyklusfrequenz, z.B. Rush-Hour

1.3.4 Exakte und substituierte Zeit
- Analyse von Tagesabläufen, v.a. Zeit für Wegstrecken

1.4 Stadtgeographische Analysekonzepte
- prinzipielle Betrachtungsweisen und Sichtweisen bei der räumlichen Analyse von Städten
- kennzeichnen grundsätzliche Ansätze, mit deren Hilfe Städte gesehen, dokumentiert und verglichen werden

1.4.1 Verteilung, Konzentration und Symmetrie
- Dokumentation und Analyse von flächenbezogenen Verteilungen: „Wo ist Was?"
- Bei der Analyse von Verteilung wird geachtet auf: Gleichverteilung, Konzentration, Dynamik von Verteilungsmustern
- **Gleichverteilung** = in jeder räumliche Einheit der Stadt ist der gleiche Anteil oder Wert zu finden ➔ Gleichverteilung ist immer symmetrisch ➔ Utopie: Konzentrationen in unterschiedlichem Ausmaß durch unterschiedliche Erreichbarkeit, differenzierten Bodenmarkt, einseitige planerische Bevorzugung, ökologische Gegebenheiten und bauliche Strukturen
- **Konzentration** kann **drei Muster** haben:
  - ➢ **Ringförmig**: räumliche Einheit, die in einer bestimmten Distanz um das Stadtzentrum herum angeordnet ist, nimmt hohe Werte eines bestimmten Merkmals an

- ➤ **Sektoral**: gehäuftes Auftreten eines Merkmals in einem bestimmten Sektor der Stadt, z.B. bei ökologischen Asymmetrien
- ➤ **Dispers geklumpt**: Verteilung, die das gesamte Stadtgebiet einschließt und lokale Maxima aufweist, z.B. zugewanderte Bevölkerung nach ethnischer Herkunft differenziert

1.4.2 Die Stadt als zentriertes System

- Zentrum als Ort der ursprünglich besten Erreichbarkeit
- **Anzahl der Stadtzentren**: monozentral oder polyzentral
- **Funktionalstruktur des Stadtzentrums**: Dominanz politisch-administrativer Funktionen
- **Demographie des Stadtzentrums**: fest angesiedelt oder Wechsel von Tag-Nachtbevölkerung
- **Erreichbarkeit der Stadtmitte**: Ort bester Erreichbarkeit?
- Öffentlicher Raum
- Stadtmitte als sensibler Indikator für gesamtgesellschaftliche, politische und wirtschaftliche Machtverhältnisse und deren Veränderung

1.4.3 Achsen, Netze und Erreichbarkeit

- Vorhandensein und Kapazität von Achsen
- Erschließung der Achsenzwischenräume durch ein hierarchisch abgestuftes Netz von Straßen und Verkehrsmitteln
- Erreichbarkeit der Stadtmitte
- Symmetrie und Verteilung der Erreichbarkeiten beliebiger Orte in der Stadt

1.4.4 Gradientenanalyse

- systematische Änderung eines Merkmals mit der Entfernung von der Stadtmitte (Distance Decay) oder mit der Verknüpfung der Stadtgröße
- Gradient kann:
  - ➤ **Linear ansteigen**: Sozialgradient in USA weist einen zentral-peripheren Anstieg an
  - ➤ **Linear abfallen**: Bevölkerungsdichte
  - ➤ **Hierarchisch gestuft**: Theorie der zentralen Orte

2. Begriffe: Stadt, Verstädterung, Stadtregion

2.1 Die Definition der Stadt

2.1.1 Statistischer Stadtbegriff

- geht von Einwohnerzahl oder Dichtewert aus ➔ ländlicher und städtischer Raum

Siedlung ist dann eine **Stadt,** wenn sie bestimmte **bauliche, soziale und ökonomische Merkmale** aufweist. **Siedlung** muss **gekennzeichnet** sein durch:
- **Dichte und Zentrierung**: bestimmte Einwohnerzahl, Bevölkerungszahl pro Flächeneinheit hoch → Stadt als zentrierte Siedlungsform mit hoher baulicher und einwohnerbezogener Dichte im Zentrum
- **Funktioneller Bedeutungsüberschuss**: Differenz zwischen den insgesamt in einer Stadt angebotenen Gütern und Diensten, und jenen, die nur von den Bewohnern der Stadt selbst benötigt werden
- **Sozioökonomische Struktur**: wirtschaftliche und politische Prozesse werden von der Stadt aus geleitet; Dominanz von Angestellten unterschiedlicher Qualifikation, Einpendlerüberschuss, Tagbevölkerung größer als Nachtbevölkerung
- **Stadt-Umland-Beziehung**: da Ungleichgewicht an Arbeitsplätzen, Wohnung, Dienstleistungen und Freizeiteinrichtungen

2.1.3 Soziologischer Stadtbegriff
- Stadt als sozialer Raum, der eine bestimmte Lebensweise ermöglicht und produziert; **Stadt ist dort, wo Urbanität herrscht**
- Basiert auf **drei Dimensionen**:
  - ➤ **Anonymität**: Stadt als sozialer Ort, wo man ohne soziale Kontrollen leben kann; Befreiung des Einzelnen von traditionellen Zwängen und Normen; Städte als Orte intensiver Vergesellschaftung und zugleich Orte markanter Individualisierung
  - ➤ **Toleranz und Gleichgültigkeit**: Mittel, um gegen persönliche Ansprüche und Erwartungen anderer zu immunisieren; notwendige Folge der hohen Kontaktdichte
  - ➤ **Gesellschaftliche Differenzierung**: heterogene Lebens und Arbeitswelt

2.1.4 Historischer Stadtbegriff
- wesentliche **Kriterien**:
  - ➤ **Stadtrecht**: Ausdruck und Endpunkt eines erfolgreichen Emanzipationsprozesses von der unmittelbaren Grundherrschaft („Stadtluft macht frei!")
  - ➤ **Stadtbefestigung**: in Antike waren alle Städte von Mauern umgeben
  - ➤ **Markt- und Herrschaftsfunktion**: Stadt ist politischer und ökonomischer Mittelpunkt → Oikos und Markt

2.2 Verstädterung und Urbanisierung

2.2.1 Verstädterung
- **Definition: steigender Bevölkerungsanteil,** der **in Städten** lebt
- **demographische Verstädterung** = wachsender Anteil der Bevölkerung einer räumliches Einheit, der in Städten lebt
- **Verstädterungsgrad**: Aussage über gesellschaftlichen Entwicklungsstand, kennzeichnet einen weit fortgeschrittenen Modernisierungsprozess; wenn Grad niedrig, wird das Verharren auf einer vormodernen Entwicklungsstufe signalisiert
- **Stadtverdichtung**: Zunahme der Bevölkerung und Zunahme durch Vermehrung der Städte selbst; entweder durch Wachstum oder planmäßig

- **Physiognomische und funktionale Verstädterung**: Siedlungen übernehmen städtische Funktionen oder baulich-physiognomische Erscheinungen einer Stadt ➔ Überformung

<u>2.2.2 Urbanisierung</u>
- Übernahme städtischer Verhaltens- und Lebensweisen durch die Bevölkerung ländlicher Räume
- Zwei **Mechanismen**:
  - ➢ Ausbreitung der städtischen Bevölkerung
  - ➢ Übernahme städtischer Verhaltensweisen

2.3 Stadtregionsbegriffe
- **Stadtregion**:
  - ➢ Funktionsräumliche Einheit aus Kernstadt und Pendlereinzugsbereich
  - ➢ Kernstadt und unmittelbar anschließende Ergänzungszone, dann Umlandszonen
  - ➢ O. Bonstedt: zentrierte System mit Zentrum und zentral-peripheren Gradienten
- **Stadtregionsabgrenzung in der US-amerikanischen Statistik**:
  - ➢ Stadt wird in counties unterteilt
- **Stadtregionsabgrenzung in der deutschen Statistik**:
  - ➢ Unterscheidung zwischen Kernstadt, Ergänzungsgebiet zur Kernstadt und engeren/weiteren Pendlerverflechtungsraum

<u>2.3.1 Agglomerationsbegriffe</u>
- Agglomerationen im engeren Sinne: **Ansammlung von Städten, die verstädtertes Gebiet bilden** (300.000 Einwohner oder 300 Ew/km²)
- **Ballungsgebiet**:
  - ➢ Ansammlung von Städten, die angrenzen oder zusammen gewachsen sind (500.000 Einwohner oder 1.000 Ew/km²)
  - ➢ können polyzentrisch aufgebaut sein oder monozentrische
  - ➢ innen Ballungskerne, außen Ballungsrandgebiete
- **Verdichtungsraum**: 1.250 Einwohner und Arbeitsplätze pro km², 150.000 Ew, 100 km²
- **Siedlungsstruktureller Gebietstyp**: administrativ definierte Gebiete (Gemeinden, Kreise)

<u>2.3.2 Megalopolis, Metropolregion</u>
- **Definition: verstädterte Siedlungslandschaft**
- **Megalopolis**:
  - ➢ J. Gottmann: diffus gewordene Stadtlandschaft
  - ➢ Zusammengewachsenes Gebiet mit großer Einwohnerzahl, einzelnen Metropolen, dazwischen liegenden Großstädten, z.B. verstädtertes Gebiet zwischen San Diego und Santa Barbara
- **Metropolregion**: in der Region **verteilte Großstadt, schließt ländliche Gebiete mit ein**

→ Stadtlandschaft, die wenig oder nichts mit den stadtgeographischen oder soziologischen Kriterien einer Stadt zu tun hat; aber kein ländlicher Raum; polynukleare, zellenartig angeordnete urbane Landschaften ohne ausgeprägte Funktionskerne

2.4 Stadttypen

2.4.1 Topographische Lagetypen
- **Merkmal**: topographische Situation und die daraus ableitbare wirtschaftliche und verkehrsmäßige Funktion einer Stadt
  → Küstenstädte, Bergstädte etc.

2.4.2 Kulturhistorische Stadttypen
Ganzheitliche Abbilder der historischen Zeit, in der sie entstanden sind, z.B. Tempelstadt, Burgstadt etc.

2.4.3 Kulturraumspezifische Stadttypen
Differenzierung der Physiognomie, der Funktionen und des Gefüges der Städte

2.4.4 Statistische Stadttypen
- **Klein-, Mittel- und Großstädte**:
  - Kleinstadt: 20.000-50.000 Einwohner
  - Mittelstadt: 50.000-250.000 Einwohner
  - Großstadt: 250.000 Einwohner und mehr
  - Millionenstadt
- Typisierung ist immer zeit- und kulturgebunden
- **Megacities und Metacities**:
  - 10.000.000 Einwohner
  - 3,7% der Weltbevölkerung
  - Keine funktionale Bedeutung; global City schon!
  - 20.000.000 Einwohner: Tokio-Yokohama, Mexiko-Stadt, New York; Seoul, Mumbai, Sao Paolo

2.4.5 Funktionale Stadttypen
- eindimensionale Klassifikation:
  - Ackerbürger-, Beamten, Residenz-, Bischofsstadt
  - Funktionaler Bedeutungsüberschuss
- **zentrale Orte**: funktionaler **Bedeutungsüberschuss** → Nah-, Mittel-, Großzentren
- **Global Cities**:
  - funktionaler Bedeutungsüberschuss
  - Funktion im Rahmen einer globalisierten Wirtschaft
  - Globale Wirtschaftskreisläufe werden kontrolliert und gesteuert

3. Stadtentwicklungen

3.1 Begriff und Determinanten

3.1.1 Definition und Begriffsinhalt
- <u>Definition</u>: alle **zeitlich gebundenen Prozesse**, die die physischen und gesellschaftlichen Strukturen einer Stadt verändern: Aufschließung neuer Stadtteile, Stadterweiterung, Citybildung, Gentrification, Stadtverfall
- Drei **Merkmale**:
    - ➤ Schließt immer zeitliche Dimension mit ein
    - ➤ Analytische und normative Bedeutung: historische Entstehung und aktuelle Veränderung; wünschenswerter Zustand, den eine Stadt in zeitlicher Perspektive annehmen soll
    - ➤ Bezieht sich auf verschiedene Maßstabsebenen
- **Basis**: Annahme von Regelmäßigkeiten bei der Stadtentwicklung

3.1.2 Determinanten der Stadtentwicklung
- Faktoren, die die Stadtentwicklung beeinflussen; „**Driving forces**"
    - ➤ Bevölkerungs- und Gesellschaftsentwicklung
    - ➤ Wirtschaftliche Entwicklung
    - ➤ Verkehrs- und Bautechnologie
    - ➤ Politik und Planung

3.2 Historische Stadtentwicklungen

3.2.1 Die Anfänge der historischen Stadtentwicklung
- Beginn: 8./9. Jh. v. Chr.
- Älteste Städte bei den Simeren, Assyren und Babyloniern
- **Sumerische Tempelstädte** sind oval von turmbewehrten Mauern und Wasserläufen umschlossen
- **Assyrien**: rechteckig mit Mauern und Wasserläufen umgeben
- **Babylonien**: geometrische Gesamtordnung mit zentrischer Lage des Hauptheiligtums und exzentrischem Ort für die Palastgruppe

3.2.2 Die griechische Polis
- **selbstständiger Stadtstaat**; entstand durch „Verbrüderungsakte" von Personenverbänden zur religiösen Kultgemeinschaft und politischen Einheit
- **Synoikmus**: Landleute vom Dorf gehen in die Stadt in den Schutz einer Burg oder eines zentralen Heiligtums
- Einige Einwohner von politisches Entscheidungsprozessen ausgeschlossen; Herrschaft aus der Meinungsbildung des Volkes
- **Öffentlicher Raum** zu gemeinschaftlichem **politische Leben**; Symbol neuer Vergesellschaftung

3.2.3 Vom „Castrum" zur römischen Stadt
- **Weiterentwicklung der Polis**
- Typische **Grundelemente**:
    - ➤ Stadtgrenzen sind viereckig aus etruskischer Zeit; befestigt

> Rechteck des Stadtumriss nach ½ Achse ausgerichtet: Decumanus: von Sonnenuntergang zu Sonnenaufgang; rechtwinklig dazu: Cardo
> Agora zu Forum am Schnittpunkt; Tempel mit Schauseite mit Podium freigestellt; Repräsenz der Macht
> außerhalb vom Castrum sind Landstreifen freigehalten; wie Glacis haben sie militärische Funktion → Vorstädte sind unregelmäßig und ungeplant

<u>3.2.4 Mittelalterliche Stadtentwicklung</u>

- **gewachsene Städte**: basieren auf Kontinuität der römischen Besiedelung, auf Schutzfunktion von Burgen, die sich zu Handelsorten entwickelten, sowie Dörfern, die zu Städten anwuchsen
- **geplante Städte**: Neugründungen und Bastidenstädte (= die in Frankreich, Wales und Italien gegründeten Städte mit rasterförmigen Grundriss und einer bereits am Anfang festgelegten Größe)
- **drei Elemente** sind von **zentraler Bedeutung**:
  > **Politische Institutionen**: römische Städte zu Residenzen oder Pfalzen ausgebaut; zum Schutz militärischer Befestigungsanlagen; Hammaburg: Ansiedlung von Kaufleuten und Handwerkern
  > **Religiöse Institutionen**: Kloster im Stadtkern oder es entwickelt sich dynamisch, dass eine Stadt daraus wird (St. Gallen); außerhalb liegende Stifte und Klöster wurden integriert
  > **Handwerk und Handel**: Dorf wurde zur Stadt, wenn durch Zuzug von Händlern eine neue ökonomische Grundlage geschaffen wurde; Voraussetzung: Marktrecht; aus den Verlängerungen der Ausfallsstraßen wurden später Vororte (Burgum, Civitas): neue Stadtbefestigung; aus Marktplätzen oder periodisch bewohnten Siedlungen wurden Städte
- **stilisierte Elemente**:
  > Stadtmitte durch **Kirchbauten** dominiert als Symbol christlichen Glaubens
  > **Rathaus, Markthallen, Wohnbauten** der führenden Familien in der Stadtmitte; Ort höchsten Sozialprestiges
  > durch schmale Parzellen aufgeschlossen; bei Gewerbetreibenden verschmilzt Arbeit und Wohnen
  > **Hofhäuser** mit Betonung des **Innenhofs** als bauliche und soziale Mitte durch ein Bürgerhaus mit repräsentativer Schaufront zur Straße hin verdrängt
  > Straßen und Plätze als öffentlicher Raum für soziales und wirtschaftliches Leben wichtig
  > **Viertelbildung**: Stadtteile mit spezifischem Charakter und eigener gewerblichen Orientierung
  > **Orthogonaler Grundriss** in geplanten Städten dominant, ebenso zentraler Marktplatz durch Aussparung eines Baublocks
- Städte erhielten autonome Rechte und wurden durch Bürger gemeinschaftlich selbst verwaltet

<u>3.2.5 Stadtentwicklung im absolutistischen Flächenstaat</u>

- lokale Stadtstaaten und regionale Herrschaftsbereiche werden zu flächigen Territorien
- Territorien und mittelalterliche Bürgerstadt lösen sich auf
- **Stadt-Land-Verschmelzung**
- **Kennzeichen** der **idealen Stadt**:
  > Zentrale Platzanlage im Inneren, auf die das Straßensystem ausgerichtet ist

> Schachbrettartiges oder radiales Straßennetz
> Mauer und Befestigungsanlagen
> Funktionale Konzentration der Gewerbe in der Stadt
- **Städtebauliche Elemente, die den Barock verstärken**:
  > Paläste, Schlösse oder Zitadellen als Ausgangspunkt der städtebaulichen Entwicklung für eine Gesamtstadt
  > Sichtachsen auf Repräsentationsbauten gerichtet
  > Gartenanlagen beim Schloss angelegt
  > Fassaden normiert und repräsentativ ausgestattet
  > Funktionale Differenzierung der Gesellschaft

3.2.6 Industrielle Stadtentwicklung

- **Industriestädte** konnten sich auf **Bedürfnisse der Fabrik und Fabrikarbeit ausrichten**
- Prinzipien der Industriestadt:
  > **Fabrik im Zentrum**; an Hauptstraße sind öffentliche Gemeinschaftseinrichtungen
  > Werksiedlung in der Nachbarschaft zur Fabrik
  > Eisenbahn- und Kanalanschluss sorgt für Transport der Rohstoffe und Abtransport der Fertigwaren
- **hohe Funktionalität**
- **Umbaumaßnahmen in der Industrialisierung**
  > Festigungsanlagen wurden entfernt, Ringstraßen erbaut
  > Begradigung und Verbreiterung der Straßen → Durchlüftung und Hygiene; Freistellung öffentlicher Bauten (Hausmann); gründerzeitlicher Umbau: Prachtstraßen
  > Ausbau technischer Infrastruktur: Kanalisation, Müllentsorgung (Munizipalsozialismus), öffentliche Verkehrsmittel
  > Wohnhausbebauung
  > Desintegrierte Fabrik am Rand
  > Bauboom an öffentlichen Gebäuden
- Industriestadt löst ländlichen Raum als Ort der volkswirtschaftlichen Mehrwertproduktion ab
- Stadt als „Integrationsmaschine" einer heterogenen Gesellschaft

3.3 Stadtentwicklungen im politischen Kontext

3.3.1 Sozialistische Stadtentwicklung

- **gesellschaftspolitische Konzeption und Plansteuerung**:
  > **plangesteuerte Konzeption**
  > Stadtplanung mit zentralen Kompetenzen entschied über innerstädtische Nutzungsverteilung
  > Umfassende Durchgriffsrechte
  > Planung nach Top-Down-Prinzip: oberste, nationale Planungsbehörde legt Ziele der Territorial- und Stadtplanung fest
  > Ziele: optimale Entwicklung und Standortverteilung der Produktivkräfte (Boden, Arbeit, vergesellschaftetes Kapital), Errichtung einer klassenlosen Gesellschaft

- ➤ Neustrukturierung des Wohnungsmarktes: verstaatlicht, kommunalisiert oder in Genossenschaften überführt
- ➤ Wohnungen als „social overhead", Nutzung stand allen offen; Mieten nur Anerkennungspreise
- ➤ Wohnungen werden zugeteilt; Ausstattung standardisiert
- **städtebauliche Konsequenzen**:
  - ➤ **Plattenbauten**
  - ➤ große Magistrate gaben Richtung der Entwicklung vor → Repräsentation der staatlichen Macht, Dominanz des Personennahverkehrs
  - ➤ niedrige Bebauungsdichte in der Innenstadt, Wohnfunktion bleibt erhalten; Forcierung des Stadtrandes führt zum Verfall des Stadtzentrums
  - ➤ sozialistische Doppelstädte: alt-neu, bürgerlich-sozialistisch → Bruch mit der Plansteuerung und Klassenlosigkeit der Gesellschaft
  - ➤ Zunahme der sozialen Segregation, Differenzierung des Wohnungsangebots, Ausbreitung der Stadt in das Umland

3.3.2 Liberal- kapitalistische Stadtentwicklung

- diametral zur plangesteuerten sozialistische Stadtentwicklung
- marktdominierte **Allokation von Standorten**:
  - ➤ Märkte als Steuerungsgröße
  - ➤ Keine planerischen Leitbilder: wenn Investoren an einem Standort eine Chance sehen das Kapital mit Rendite zurückzubekommen → Investition; Kapitalherausnahme bei Gewinnerwartungsrückgang
  - ➤ Zyklusform mit „**Overshooting**": Kapitalzu- und Abflüsse schaukeln sich auf
  - ➤ Ab- und Aufwertungsprozess
  - ➤ soziale Schichten separieren sich → Ungleichverteilung als Folge der unterschiedlichen individuellen und ökonomischen Reistungskraft
  - ➤ Ausdruck unterschiedlicher Beitragsleistung zur Gemeinschaft und Stimulus zur Mehrleistung
- **Betonung von Stadtmitte und Expansion am Stadtrand**:
  - ➤ Stadtmitte wird zum CBD mit hoher Bebauungsdichte, hoher Konzentration von hochrangigen Arbeitsplätzen, hohe Boden-, Kauf- und Mietpreise; wenig Raum
  - ➤ Übergang zu Stadtteilen mit geringer Bebauungsdichte und gemischter Nutzung
  - ➤ Commercial Blight und residential blight mit Brachflächen und Verfall kennzeichnen Übergangsgebiet
  - ➤ Umland: Sozialgradient ist zentral-peripher ansteigend
  - ➤ einheitlich: an Verkehrsknoten sind wichtige Komplexe

3.3.3 Die europäisch-wohlfahrtsstaatliche Stadtentwicklung

- **Konzeption des Wohlfahrtstaates**:
  - ➤ Gewährung von Leistungen **kollektiver Daseinsvorsorge** für einen Großteil der Bevölkerung
  - ➤ Absicherung von: Arbeitslosigkeit, Krankheit, Erwerbslosigkeit im Alter → kollektive Sicherungssysteme
  - ➤ Keine zu großen sozialen Unterschiede
  - ➤ Durch Wachstum der Städte entsteht das Bedürfnis nach einer starken öffentlichen Hand

- **duale Stadtentwicklung**:
  - marktwirtschaftliche steuerungszentralistische **Planung**
  - öffentliche Hand will vor allem stadtteilbezogene Auf- und Abwertungsprozesse mildern (v.a. Overshooting) oder initiieren → Stadtverfall als punktförmiges Phänomen
  - **Antisegregationspolitik**: Sozialbauten in einkommensstarke Gebiete bauen
  - **Morphologische Betrachtung**: historischer Kern der europäischen Stadt (gepflegt, urban, vielfältig), historische Kirchen und Rathäuser als Symbol gesellschaftlicher Identität; außerhalb der Kernstadt sind Elemente liberalmarktwirtschaftlicher Stadtentwicklung, liniengebundene Aufschließung mit monotoner Wiederholung (Ribbon bzw. Strip Development) von Büros → semiurbane Formen, die mit der europäischen Stadtentwicklung brechen
  - Europäisierung der Stadtmitte und Amerikanisierung des Randes

4. Innerstädtische Strukturelemente, Steuerungs- und Ordnungsprinzipien

4.1 Innerstädtische Strukturelemente

- städtische Teileinheiten: Mikroebene: Wohnungen, Gebäude; Mesoebene: Stadtteile

4.1.1 City und Citybildung

- bezieht sich auf die Mesoebene
- City im deutschsprachigen Raum: **städtischer Teilraum mit der höchsten baulichen Dichte und Konzentration an tertiären und quartären Arbeitsplätzen**
- Angloamerikanischer Kontext: Verwaltungsfunktion, die größer oder kleiner sein kann als eigentliche City
- City deutsch = CBD US-amerikanisch
- Strukturelle **Merkmale der City**:
  - **CBD-typisch**: Büros, Bars, Praxen
  - **Maßzahlen zur Abgrenzung**:
    - Höhenindex: Einrichtungen auf Gebäudeflächen bezogen
    - Intensitätsindex: Einrichtungen auf gesamte Geschossfläche bezogen
  - City im deutschen Sinne:
    - **Konzentration tertiärer Funktionen**: die, die ein relatives Maximum an Umsätzen pro Flächeneinheit erzielen; öffentliche Einrichtungen
    - **Überhang der Tag-Nachtbevölkerung**: Rhythmik
    - **Dichte Bebauung**: vertikale Dimension des Baukörpers
    - **Nutzungswandel** in der vertikalen Dimension: Erdgeschoss wird betrieblich genutzt
    - **Passagen**, Kaufhäuser und Fußgängerzonen
    - **Verdrängung des ruhenden Verkehrs**

Citybildung

- **Funktionswandel der Innenstadt** → Verdrängung der Wohnbevölkerung und des umsatzschwachen Gewerbes
- Citybildung führt zu **funktionaler und sozialer Entmischung** im Inneren der Stadt → längere Wege, Massenverkehrsmittel
- Stadt als **zentriertes System mit sozialer Mitte** als besonderer Ort und Ort bester Erreichbarkeit

- Wohn- und Gewerbegebiete in rasterförmiger, geschlossener Beaublockstruktur um die City
- von der **City bis zum Rand charakteristische Gradienten**:
  - ➤ **zunehmende Wohnfunktion** in den cityfernen Stadtteilen: cityfernem geschlossene Mietshausbebauung
  - ➤ **abfallender Sozialgradient**: Stadt stark; Nordamerika: Sozialgradient vom Zentrum zur Peripherie hin steigend
  - ➤ **abnehmende Bebauungsdichte** in den cityfernen Stadtteilen
  - ➤ **hohe Verkehrsbelastung** in citynahen Stadtteilen
  - ➤ **Altindustrielle Inseln**: heute entweder öffentliche Gebäude oder nach Abriss und Neubau ein Wohngebäude
  - ➤ **Mosaik von Grünflächen**

4.1.3 Außenzone und Stadtrand

- Kernstadt endet mit der Auflösung der geschlossenen Bebauung, Außenzone der Stadtregion beginnt
- **Außenzone = Ergänzungsgebiet**, verstädterte Zone, Randzone, Umland
- **Merkmale** der Außenzone:
  - ➤ **Funktionales Patchwork**: Wohnfunktion nimmt zu; Ballungen; am Stadtrand gibt es Patchwork unterschiedlicher Nutzungen
  - ➤ **Dominanz der Nachtbevölkerung**: Verschiebung der Arbeitsplatzentwicklung an den Stadtrand
  - ➤ **Geringe Bebauungsdichte**: größeres Flächenangebot
  - ➤ Ruhender und fließender Verkehr
  - ➤ Grüngürtel
- Außenzone als dynamisches Element; hier Bevölkerungs- und Arbeitsplatzwachstum
- **Zentrale Elemente** der **europäischen und nordamerikanischen Außenzonen**:
  - ➤ **Zwischenstadt**
    - Konglomerat von gewerblicher Nutzung, landwirtschaftlichen Betrieben und Verkehrsnetzen am Stadtrand
    - Sieverts kritisiert die mangelnde städtebauliche Qualität und mahnt Planungskonzepte an
  - ➤ **Housing Subdivisions (Cluster, Pod)**:
    - Zentrales Element des Stadtrands
    - Einzel- oder Reihenhäuser, die von Investoren geplant werden
    - Von „Arterial" (zentrale Erschließungsstraße) erfolgen Sackgassen, entlang derer Einfamilienhäuser errichtet werden
    - Einheitliche Grund- und Aufrissstruktur
    - nur Wohnfunktion, Auto erforderlich
    - wenn Sicherheitsbedürfnis hoch ist → Gated Community
  - ➤ **Office und Business Parks, Edge Cities**:
    - an Standorten mit guter Erreichbarkeit (Autobahnkreuz)
    - monofunktional
    - ab einer bestimmten Größe gehen Parks in Edge Cities über
    - Edge Cities = planmäßig angelegte Städte am Rande einer Agglomeration, meist am Autobahnkreuz
    - Dominanz des Bürosektors, hohe Arbeitsplatzdichte
    - Edge Cities übernehmen Cityfunktion und können als Auslagerung der City in den suburbanen Raum verstanden werden;

Abgrenzung einer Edge City: Büroflächen von 450.000 m², Einzelhandelsverkaufsfläche von 54.000 m², mehr Arbeits- als Wohnbevölkerung, relativ kompakte Baustruktur, vergleichsweise geringes Alter der Wohn- und Arbeitsbevölkerung

> **Malls**:

- Räumliche Konzentration von Einzelhandelsgeschäften in unterschiedlicher Größe und verschiedenem Angebot an Ausfallstraßen oder Kreuzungen
- Strip-Mall: Geschäfte sind linear entlang einer Straße angeordnet
- Court-Mall: L- oder U-förmiger Baukörper
- Mall-Center: wie Shopping-Center nur über 10.000 m²

4.2. Stadtmodelle

4.2.1 Die Stadtstrukturmodelle der Sozialökologie (Chicagoer Schule)

- Stadt als **Zusammenfassung von sozialräumlichen Einheiten**
- bestimmte Teile haben bestimmte Nutzungen
- Wer regelt Austausch-, Verdrängung- und Nachfolgeprozess? Der Markt und die ökonomischen Möglichkeiten der Marktteilnehmer, sich zu behaupten
- **Standortentscheidung**: liberaler Markt über Preisbildung, z.B. in der Innenstadt
- **Wettbewerb nur bei transparentem Markt**; bei langem Wettbewerb findet eine stabile Differenzierung der Stadt in homogene Teilräume statt

Das Ringmodell von E. Burgess

- bildet Verhältnisse der US-amerikanischen Städte der Zwischenkriegszeit ab
- vier **markante städtische Teilgebiete**: City, Übergangszone, Arbeiterwohnviertel, Wohnviertel der gehobenen sozialen Schichten ➜ Dynamik:
- City = CBD, vergrößert sich nach außen und braucht mehr Fläche ➜ Strukturwandel in angrenzenden Stadtteilen: Wohnfunktion verdrängt, durch Büros ersetzt und Industrie siedelt an; keine Investitionen mehr ➜ an CBD angrenzende „Zone in transition": Wohnstandort für Zuwanderer ➜ „Zone of working-men´s home": Arbeiterwohnviertel ➜ „Residential Zone": gesellschaftliche Mittelschicht ➜ Pendlerzone: höhere Schichten
- Angreifbar, da es nicht allgemeingültig sein kann

Das Sektorenmodell von H. Hoyt

- Untersuchung der räumlichen Verteilung und Entwicklung statushoher Wohngebiete
- **Sozialgradient vom Zentrum zur Peripherie hin ansteigend**
- Dynamik der Stadtentwicklung geht nicht vom CBS aus, sondern von großen Verkehrsachsen und vom Wohnstandortverhalten der statushohen Bevölkerung
- Gliederung in **Sektoren** mit **homogener Sozialstruktur**
- Verkehrsachsen verändern die innerstädtische Standortqualität
- bei Wegzug der Starken, kommen Schwache; wenn „Tipping Point" erreicht ist, beschleunigt sich der Vorgang solange bis wieder relatives Gleichgewicht hergestellt ist
- dynamisches Element ist nicht die Expansion der CBD, sondern das Wohnstandortverhalten der statushohen Haushalte

Das Mehrkernmodell von C.D. Harris und E.L. Ullman

- Stadtstruktur ist bedingt durch Anordnung der Arbeitsplätze
- Standort der Arbeitsplätze als Kern der städtischen Teilentwicklung ➜ Prinzip der räumlichen Arbeitsverteilung

<u>4.2.2 Sozialraumanalyse nach Slevky/Bell</u>
- Gesamtstadt besteht aus vielen abgeschlossenen Welten = **Natural areas** (=sozial homogener Stadtteil, deren Grenzen natürliche oder künstliche Barrieren sind)
- hohe Interaktionsdichte innerhalb
- Leistung der Sozialraumanalyse war Entwicklung einer Methode zur Einteilung der Stadt in Natural Areas
- Innerstädtische Differenzierung der Stadt nach sozialen, demographischen und ethnischen Merkmalen

<u>4.2.3 Faktorialökologie</u>
- sind die drei Merkmalsdimensionen die relevanten Größen? (sozial, ethnisch, demographisch)
- bei der Differenzierung ja und überhaupt sind die allgemeingültig
- demographischer Faktor kennzeichnet **Entmischung der Bevölkerung** nach Altergruppen
- sozialer Faktor führt zu einer sektoralen Anordnung der Bevölkerungsgruppen
- ethnischer Faktor hat räumliche Klumpung der Wohnstandorte der zugewanderten Bevölkerung

4.3 Steuerungs- und Ordnungsprinzip

<u>4.3.1 Städtebauliche Leitbilder und normative Instrumente</u>
- städtebauliches Leitbild als wichtigstes Ordnungsprinzip der innerstädtischen Differenzierung
- normative Instrumente prägen innerstädtische Struktur
- Bauordnung, Grünzonenpläne sowie gesamtstädtische Stadtentwicklungspläne legen räumliche Verteilung von Nutzung, Funktionen und Bebauung fest
<u>Sozialreformatorische Projekte</u>
- **Gartenstadt**, Beispiele:
  - ➤ Ville Sociale: Wohn- und Produktionskomplex mit umfassender Infrastruktur
  - ➤ Arbeitersiedlungen
<u>Leitbild der Moderne – die gegliederte und aufgelockerte Stadt</u>
- **Kennzeichen** der **Stadtentwicklung der Moderne:**
  - ➤ **Großform** als städtebauliches Prinzip: Standardisierung der baulichen Elemente, Wiederholung von Formen, Dimension der Gebäudeanlagen, erzielte Einwohnerdichte
  - ➤ **Wohnblock:** regelhaft, symmetrische und wiederholend erfolgende Blockrandbebauung, z.B. Karl-Marx-Hof in Wien
  - ➤ „**Grand Ensembles**": Ansammlung großer Baublocks an der Stadträndern
  - ➤ **viele Zentren**
<u>Stadterneuerung und nachhaltige Stadterweiterung</u>
- **Stadterneuerung**: zielt auf Erhalt und Sanierung der historischen Stadtviertel ab, auf Modernisierung des Wohnungsbestandes, auf funktionale Aufwertung der Stadtkerne
- **Nachhaltige Stadterweiterung**: basiert auf Schaffung kompakter, dichter und dennoch hochwertiger baulicher Strukturen
<u>New Urbanism</u>
- städtebauliche Rückbesinnung auf vormoderne Stadt
- **Bedeutung des öffentlichen Raums**
- Hierarchie im städtischen Raum

- Bildung von Gemeinschaften, soziale Kontrolle
- Strebt saubere, sichere, strukturierte und sozial homogene Stadt an

<u>4.3.2 Bodenpreise und Bodenmarkt</u>
- Bodenmarkt bewertet standörtliche Qualität über Preisbildung
<u>Bodenpreise und Bodenrente</u>
- **Grundrente (Bodenrente)**: Gewinn, den der Grundstückseigentümer aus Besitz erzielt
- **Lagerrente** ergibt sich aus **Marktnähe**
- Umweltrente: bewertet ökologische Qualität des Grundstücks
- Imagerente

<u>Bodenpreise und Nutzungsselektion</u>
- Prinzip der Nutzungsselektion besteht in der **unterschiedlichen Bereitschaft zur Bezahlung der höheren Lagerrente**
- **Konzentrische Stadtstruktur**:
  - Innerstädtische Standorte nur für liquide Leute
  - Gegen Stadtrand sinkt die Lagerrente: aus Gründen der Erreichbarkeit weniger Nachfrage, aber Wohnfunktion gewinnt an Bedeutung
  - Je weiter am Stadtrand, desto niedriger die Lagerrente; Wohnnutzung wird dominant, Marktferne für Haushalte kein Nachteil mehr; große Unternehmen mit hoher Flächennutzung
- **Standortnachfrage** ist nicht nur von der Distanz zum Zentrum **abhängig**, sondern auch:
  - wenn benachbarte Unternehmen dort sind und sich durch Produktionszusammenhänge Kosten sparen lassen
  - aus räumlicher Ballung profitieren, weil mehr Konsumenten da sind
  - wenn Konkurrenz dort ist, partizipieren Beide davon

<u>4.3.3 Segregation</u>
- **kennzeichnet Prozess und Zustand**
- Vorgang, der zur ungleichen Verteilung von Bevölkerungsgruppen, Geschäften und Unternehmen in der Stadt führt
- Einerseits Absonderung und Entmischung, andererseits Ballung und Konzentration
- funktionelle und residentielle Segregation
<u>Segregation von Nutzungen und Unternehmen</u>
- **Trennung von Wohnfunktion und anderen Nutzungsformen**
- jede Nutzungsform weist unterschiedlichen Nachfragegradienten auf
- funktionsräumliche Segregation zur Nutzungskonfliktvermeidung; außerdem: Ballungsvorteile, v.a. für Unternehmen
<u>Segregation der Wohnbevölkerung</u>
- Segregation nach sozialen, ethnischen und demographischen Kriterien
- städtischer Boden- und Immobilienmarkt als Filter für unterschiedliche Bevölkerungsverteilung in der Stadt
- 1. Phase: Zuwanderung und distanzierte Kontaktaufnahme
- 2. Phase: Erfahrungssammlung mit Mehrheitsgesellschaft
- 3. Phase: eigentlicher Lernprozess; Akkomodation
→ am Ende des Anpassungsprozesses steht die perfekte Anpassung (Assimilation)
- Realität: ethnische Ghettos wurde größer und prägen eigene Subkultur

<u>Messung von Segregation</u>
- Dissimilaritätsindex: misst Verteilung zweier Bevölkerungsgruppen
- Segregationsindex bestimmt Verteilung einer Bevölkerungsgruppe im vergleich zur Gesamtbevölkerung

5. Aktuelle Stadtentwicklungsprozesse

- gesellschaftliche, politische und ökonomische Veränderungen vollziehen sich schnell, baulich-physiognomische nicht
- Stadt als dynamisches Element

5.1 Gesamtstädtische Rahmenbedingungen

5.1.1 Die Stadt als entindustrialisierte Steuerungszentrale
- gekennzeichnet durch das **zurückdrängen des Nationalstaates** und durch neue Formen der Arbeitsorganisation
- **Ausmaß und Intensität der internationalen Arbeitsteilung** haben sich erhöht und geographisch ausgebreitet
- Entwicklung moderner Kommunikations- und Informationstechnologien als Basis
- Stadt wurde zur Dienstleistungsstadt, nicht konsumorientiert, sonder Sektoren die internationale Beziehungen kontrollieren
- Bedeutungszuwachs des produktionsorientierten und wirtschaftsnahen Dienstleistungssektors; Bedeutungsverlust des industriellen Sektors
- **Arbeiterschicht als Verlierer**, weltweit operierende Unternehmen als Gewinner des Prozess

5.1.2 Wachsende Stadt durch Zuwanderung
- Zuwanderung aufgrund der Attraktivität der Städte; Erwerbungsmöglichkeiten
- Verlust der alten industriellen Mittelschicht, Migration von Eliten
- Zuwanderung gleicht der Abwanderung und weist negative Geburtenbilanzen aus

5.1.3 Urban Governance
- soll flexibles Regieren auf sich rasch ändernde ökonomische Außenwelten sicherstellen und gleichzeitig kostengünstige Verwaltungsstrukturen ermöglichen
- **soziale Dienste werden ausgelagert**, Betreuung von Obdachlosen übernehmen kirchliche Organisationen
- **typische Governance-Struktur**: Allianz zwischen öffentlicher und privater Hand
- Stadt zu „**Entrepreneurial City**"= unternehmerische Stadt
- **Konzentration auf Großprojekte** oder **Entwicklung innerstädtischer Standorte**, die an private Unternehmen oder Haushalte vermarktet werden
- **Public-Private-Partnership**: Allianzen zwischen öffentlichen und privaten Sphären um Standorte zu entwickeln, Stadtteile zu sanieren oder neu zu errichten

- notwendig, um potenzielle Investoren, Touristen oder der Welt zu gefallen
- Großereignisse bewirken Konzentration öffentlicher Investitionen des Landes oder Bundes auf die Stadt

5.2 Sozialräumliche Differenzierung

USA: Dual City: Mosaik sozialer Strukturen („Fractal City")

5.2.1 Ethnische Viertelbildung
- **ethnische Heterogenität** als Folge der Zuwanderung, reduziert Bevölkerungsverluste durch Suburbanisierung
- Zuwanderer sind finanziell eingeschränkt → Beschränkung auf bestimmte Viertel → **Ghettoisierungstendenz**
- durch Zuwanderer gibt es Abwechslung, die auch gewünscht wird
- Differenzierung und Toleranz sind Kriterien des soziologischen Stadtbegriffs

5.2.2 Gentrification
- **baulich-soziale Aufwertung** von abgewohnten Stadtteilen durch ausgewählt Bevölkerungsgruppen
- beschreibt **Sanierung der physischen Struktur**, die eine Aufwertung innerstadtnaher Wohngebiete und Verdrängung der angestammten Bevölkerung durch statushöhere Bevölkerung zur Folge hat
- **zwei Arten**:
  - ➤ Aufwertung durch Hausbesitzer und Bewohner
  - ➤ „Incumbent Upgrading": Aufwertung wird von Personen oder institutionellen Investoren getragen
- doppelter Invasions- und Sukzessions-Zyklus, der zweimaligen Austausch der Bevölkerung vor Ort vorsieht

5.2.3 Gated Communities
- Ausdruck für neue Form der **sozialräumlichen Differenzierung** in der Stadt
- geschlossene Wohnanlagen der Ober- und oberen Mittelschicht, die durch Sicherheitseinrichtungen und Absperrungen von anderen Stadtteilen separiert sind
- von privatem Betreiber auf privatem Grund errichtet
- gesamtgesellschaftliche Kohäsion geht leicht verloren
- Entstehung als Ausdruck neuer sozialräumlicher Polarisierung der postmodernen Stadt am oberen Ende der ökonomischen und sozialen „Sanduhr"

5.2.4 Lifestyle Communities
- **Wohnanlagen**, die **von** einem **privaten Investor errichtet** wurde und sich an Haushalte mit gemeinsamen Interessen richten
- können **Gated Communities** sein, wesentlich ist nicht Gating, sondern der Lebensstil
- **Zielgruppen**: soziale Mittel- und Oberschicht, ältere Menschen, Golfspieler oder Haushalte, die ein imaginiertes Bild des Lebens in einer US-amerikanischen Kleinstadt pflegen

- **Preis als Filter**; Segregation erwünscht und angestrebt, denn sie sorgt für homogene, soziale Umwelt und Verdrängung von Armut und Elend aus dem Blickfeld der Bewohner

5.3 Erneuerung der physischen und sozialen Struktur
- **technisches und soziales Altern der Stadt**
- soziales Alter der physischen Struktur = entspricht nicht mehr den Bedürfnissen der Gegenwartsgesellschaft
- synchronisieren der physischen Struktur mit den heutigen Anforderungen und damit umfassende Erneuerung der historischen Stadt als Herausforderung für die Stadtentwicklung

5.3.1 Urban Blight
- **physische Strukturen** unterliegen **Abnutzung und Alterung**; bei Nicht-Investierung folgt Stadtverfall
- **Stadtverfall** kennzeichnet **Mangelerscheinungen der physischen Struktur**
- Umstände, die zum Stadtverfall führen: geringe Nachfrage nach Wohnraum; öffentliche Hand, die sich auf Stadterweiterung konzentriert und abgewohnte Viertel vernachlässigt

5.3.2 Sanfte und harte Standortfaktoren
- Teilprozess der Stadtentwicklung, der den Stadtverfall wieder zu beseitigen versucht
- umfasst alle zielgerichteten Maßnahmen der öffentlichen und privaten Hand
- **sanft**: Maßnahmen der Erhaltung werden in vorhandenen Bestand mit der dort wohnhaften Bevölkerung durchgeführt ohne die sozialen Strukturen zu verändern
- **hart**: Austausch und Verdrängung der angestammten Bevölkerung
- **Stadtumbau** = städtebauliche Maßnahme, die darauf abzielt, Stadtteile bei der Bewältigung des Strukturwandels und der Folgen des Rückganges der Bevölkerung zu unterstützen

5.3.3 Reurbanisierung
- Wichtiger Vorgang der physischen Strukturerhaltung
- **Bevölkerungs- und Beschäftigungszunahme** in der **Kernstadt**, kennzeichnet Aufwertung der Kernstadt
- überproportionales **Wachstum der Dienstleistungen** in den Kernstädten
- Rückkehr der einkommensstarken Gruppen **stoppt Filtering-Down-Prozess** der Innenstadt und wertet auf
- Sanierung, neue Geschäfte entstehen, Urbanisierung

5.3.4 Recycling von Brachflächen
- **vier Brachflächentypen:**
  - ➤ Industrie- und Bergbaubrache: Flächen, auf denen sich Produktionsstätten befanden
  - ➤ Wohnortbrache: ehemalige, funktionslos gewordenen Wohngebäude
  - ➤ Verkehrs- und Infrastrukturbrache: aufgegebene Werft- und Hafenanlagen

> Konversionsbrache: aufgelassene militärische Standorte und Produktionsanlagen
- wichtige Reservefläche, gut erschlossen, innenstadtnah

5.4 Strukturänderungen im Einzelhandel

5.4.1 Filialisierung und internationale Ketten
- neue Organisationsform des Einzelhandels in Form von Supermärkten leiten räumliche Konzentrationsprozesse ein
- zunächst keine Veränderung durch Filialisierung, dann Anpassung der Betriebe an vorhandene Muster der Geschäftsstraßen
- durch Binnenmarkt zunehmende Internationalisierung des Einzelhandels und Uniformierung des Geschäftsangebotes

5.4.2 Angebotswandel
Branchenverlagerung: Möbel- und Kleidungsgeschäfte werden mehr

5.4.3 Verteilung der Geschäftsstraßenhierarchie
- Straßen oberer und unterer Hierarchiestufe
- Neugestaltung der Straßenoberfläche durch Einrichtung von Fußgängerzonen steigert sie Attraktivität der Einkaufsstraßen

5.4.4 Shopping Center und Entertainment Center
- **wesentlich**: zentrale Planung und Errichtung durch eine Betreibergesellschaft und den spezifischen Branchenmix
- **Verbindung von Einkauf und Freizeit**
- Forcierung des „Urban Entertainment Center"

5.5 Suburbanisierung und Postsuburbia

5.5.1 Wohnsuburbanisierung
- durch Suburbanisierung der Wohnbevölkerung geht den Städten die Kaufkraft verloren ➔ Innenstadtbereich gerät in einen kumulativen Abwertungsprozess („Filteringdown")
- durch selektive Abwanderung weitet sich Suburbia konzentrisch aus
- verstädterte Gebiete im suburbanen Raum entwickeln sich zyklisch zu einem weitflächigen, unscharf gegliederten Siedlungssystem: „Urban Sprawl" ➔ Desurbanisierung

5.5.2 Suburbanisierung von Industrie- und Dienstleistungsunternehmen
- durch Wohnsuburbanisierung erfolgt verstärkte Auslagerung von Industrie- und Dienstleistungsunternehmen in das Stadt-Umland
- durch hohe Bodenpreise in der Stadt, Auslagerung

- **Suburbanisierung von Dienstleistungen** und Büros führt zu polyzentrischer Struktur in der Stadtregion
- selten Neugründung im Sinne einer **Edge City** = können als vorläufig finales Phänomen einer fortschreitenden Suburbanisierung städtischer Funktionen aufgefasst werden
- Funktionsverlagerung bringt Nachteil für den Stadtkern ➔ „Doughnut City"

5.5.4 Postsuburbia und Urban Sprawl

- **Kennzeichen der Postsuburbia**: Emanzipation der Suburbia von der Kernstadt; funktionelle Abhängigkeit entfällt
- Arbeitsplätze in der Suburbia
- Postsuburbia stellt eine weiterentwickelte Form der Suburbia mit funktionalen Knoten dar
- innerhalb des Urban-Sprawl finden sich an bestimmten Standorten bestimmte funktionale Anreicherungen ➔ relativ weitläufige funktionale Differenzierung
- **Wohnen und Arbeiten an verschiedenen Orten; Funktionsinseln** entstehen und produzieren diffuse, polyzentrische Entwicklung

6. Städtische Systeme

6.1 Stadtgrößenanalyse

Bestimmte Prinzipien für Groß-, Klein- und Mittelstadt

6.1.1 Analyse von Größenverteilungen

- Frage, ob „typische" und immer wieder zu beobachtende Verteilung von Städten existiert

Rang-Größen-Regel
- Ansatz um Verteilung von Städte nach ihrer Größe zu beschreiben
- postuliert, dass zwischen Stadtgröße und Rangziffer einer Stadt in einem bestimmten Territorium eine konstante Beziehung herrscht

6.2 Theorie der zentralen Orte

6.2.1 Grundlegender Ansatz

- Theorie der Größe, die Anzahl und die Verteilung der Städte erklären
- Ableitung aus: Versorgungs- oder Marktprinzip, Verkehrsprinzip, Prinzip der Administration

Prinzip der Marktversorgung
- **Versorgung von Gütern und Dienstleistungen** unter Berücksichtigung der freien Preisbildung sowie Konkurrenz der Anbieter ➔ jedes Gut verfügt nur über eine bestimmte Reichweite
- **äußere Reichweite** = maximale Entfernung, bis zu der eine flächig verteilte Bevölkerung eine in einem zentralen Ort angebotenen Dienstleistung in Anspruch nimmt
- **innere Reichweite** = Entfernung bzw. Zahl der Konsumenten ab der es sich rechnet ein bestimmtes Gut anzubieten

- gekauft wird dort, wo Distanzen am geringsten ist, da Konsument ein Homo Oeconomicus ist
- **Prämisse**: Transportkosten sind proportional zur Entfernung von einem potenziellen Ort des Einkaufens, Bevölkerung ist dispers und gleichmäßig verteilt → äußere Rechweite eines Gutes ist ein Kreis, wobei im Mittelpunkt das Gut angeboten wird und der Radius den gerade noch akzeptierten Transportkosten entspricht; Fläche = Ergänzungsgebiet
- **Zentrale Orte höherer und niederer Ordnung**

Das Verkehrsprinzip
- zentrale Orte können aufgrund des Kriteriums einer effizienten Verkehrsanbindung angeordnet werden

Das Administrativprinzip (Absonderungsprinzip)
- Art und Weise der administrativen Zuordnung von zentralen Orten

6.2.2 Empirische Messung von Zentralität
- **Messung von Zentralität**:
  - ➢ **Analyse der Ausstattung** der zentralen Orte (Katalogmethode): basiert auf der Erfassung der in den zentralen Orten angebotenen Güter und Dienstleistungen; keine Kompletterfassung
  - ➢ **Erfassung der Reichweite** des zentralen Ortes (Umlandmethode): je höher der Rang der zentralen Orte, desto größer die Reichweite
  - ➢ **Indirekte Bestimmung der Zentralität** durch die amtliche Statistik: wenn die in einem Ort angebotenen Güter und Dienste etwas mit der Zentralität des Ortes zu tun haben, kann aus der Größe des Dienstleistungssektors indirekt auf den zentralörtlichen Rang geschlossen werden

6.2.3 Das Modell der zentralen Orte als normatives Konzept
- **Entwicklungs- und Ordnungsinstrument** der öffentlichen Hand
- Kategorisierung der Stadt als zentraler Ort kann entwicklungspolitischen Impuls darstellen
- **Unterzentrum**: Güter des täglichen Bedarfs; Mittelzentrum: Waren und Dienste des gehobenen, über die Grundversorgung hinausgehenden Bedarfs
- **Oberzentrum**: spezialisierte, episodische und langfristige Bedürfnisse sollen befriedigt werden

6.3 Theorie der Global City

6.3.1 Konzeptioneller Ansatz
- Theorie der zentralen Orte als konsumentenorientierte Standorttheorie des tertiären Sektors
- **Global City Konzept**: Kontrolle und Steuerung einer internationalen Wirtschaft; bieten zwar auch zentrale Güter und Dienste an, Konsument spielt aber keine Rolle
- „Welt" als Ergänzungsgebiet
- unternehmensorientierte Standorttheorie des quartären Sektors
- **Globalisierung ist auf Teilprozesse zurückzuführen:**
  - ➢ **Raum-Zeit-Konvergenz**: besagt, dass zur Überbrückung von Distanzen immer weniger Zeit benötigt wird, wobei sich räumlich-zeitliche Distanz verringert und auf dimensionslosen Zustand hinsteuert;

"Global Village": Raum-Zeit-Konvergenz basiert auf billigen Verkehrsmitteln und auf der Informations- und Kommunikationstechnologie, die eine intensive Vernetzung aller Orte der Erde erlaubt

> **Deregulierung der Märkte** als zentrales Paradigma des wirtschaftspolitischen Handelns; weltweite Produktion und global sourcing → Kostenvorteile führen zu unternehmerischen Wettbewerbsvorteilen
> **Rückzug des Nationalstaates**: nationaler Raum wird durch globalen Raum ersetzt, der eigene politische Institutionen aufbaut

- global cities besitzen Command- und Control-Funktion
- Marktplatz immaterieller Innovationen, Wissen…
- **Face-to-face-Kontakte** zwischen Entscheidungsträgern der Politik und der Wirtschaft

6.3.2 Klassifizierung von Global Cities

- Messung der Häufigkeit des Vorkommens bestimmter Dienste
- **Messung von Flows** (= Konsequenz der Einbettung der Global Cities in ein weltwirtschaftliches System)

6.4 Sozioökonomische Differenzierung im Siedlungssystem

6.4.1 Stadtgröße und wirtschaftliche Aktivität

- größere Städte unterhalten größere eigenen Wirtschaftskreisläufe und koppeln sich so von ihrem Umland in einen stärkeren Ausmaß ab; ausgeprägter Non-Basic-Sektor steigt weiter an
- unerforschte Gebiete in der Stadt, qualifiziertes Personal ist wichtig

6.4.2 Stadtgröße und Sozialsystem

- mit der Stadtgröße steigt die Differenzierung des sozialen Systems und gesellschaftliche Disparitäten nehmen zu
- sektorale Struktur, Qualifikation und Tätigkeitsprofil sind an Stadtgröße gekoppelt
- soziale Polarisierung kennzeichnet Großstadt

6.4.3 Stadtgröße und „Nachhaltigkeit"

- mit Stadtdichte nimmt Wohngröße zu → große Städte sind ökologisch vorteilhafter
- hohes innerstädtisches Verkehrsaufkommen; hohe Zufriedenheit mit Bildungsstätten

7. Die Stadt als Wirtschaftsstandort

7.1 Agglomerationsvor- und nachteile

- Effekte des städtischen Standorts (Urbanisationseffekte)
- Effekte, die sich aufgrund der Ballung von Unternehmen an einem Standort auch außerhalb städtischer Regionen ergeben (Lokalisationseffekt)

7.1.1 Die Stadt als Standortproduzent

- Standorte als von Gebietskörperschaften produzierte Güter
- wirtschaftliche Güter, die veräußerbar und erworben sind

- knappe Güter, die nicht ubiquitär und kostenfrei vorhanden sind
- Infrastruktur entsteht nicht zufällig, sondern wird von öffentlicher und privater Hand errichtet

7.1.2 Urbanisationseffekte

- **positive oder negative Effekte**, die sich aus der Struktur des städtischen Standorts ergeben
- **Vor- oder Nachteile des Standorts**, die das wirtschaftliche Ergebnis des Akteurs, seinen Gewinn oder auch seinen nutzen beeinflussen
- gehen von den Bedingungen der Erreichbarkeit sowie der Größe und Differenziertheit des Absatz- und Arbeitsmarktes aus, von den Verflechtungsmöglichkeiten der Unternehmen sowie von der Investitionskapazität des Standortes
- **Erreichbarkeit und Transportkosten**
- **Flächenverfügbarkeit**, Miet- und Bodenpreise
- Größe des Absatzmarktes
→ Vor- und Nachteile müssen abgewogen werden
- differenzierter Absatzmarkt
- entwickelter quartärer Sektor
- Kontaktpotenziale und Informationsvorsprung
- Kulturelle und ökologische Standortqualität

7.1.3 Lokalisationseffekte

Beschreiben Vorteile, die entstehen, wenn viele Unternehmen einer bestimmten Branche an einem Standort angesiedelt sind → Kostensenkung, Gewinnsteigerung
Economie of Scales
- **kumulierte Nachfrage nach Vor- und Zwischenprodukten**
- hohe Attraktivität für Zulieferindustrie
- Unternehmen gleicher Branche können sich durch formelle oder informelle Absprachen zusammenschließen und als Großabnehmer Kostenvorteile erhalten
Technologische Spilt-over-Effekte
- **branchenspezifische Innovationen und technologische Neuerungen** können große Distanzen leichter überspringen und rasch diffundieren
- hoher Innovationszyklus aufgrund der Lokalisationseffekte
- Bündelung branchengleicher Unternehmen mit vielfältigen Forschungseinrichtungen fordert die Entstehung eines kreativen Milieus
„Pooling" von Arbeitsplätzen
- Pool an spezialisierten Arbeitskräften

7.2 Agglomerationsvorteile in regionalen Entwicklungsmodellen

7.2.1 Das Zentrum-Peripherie-Modell

- betont regionale Unterschiede, die nicht automatisch zum Ausgleich gelangen, sondern aufgrund eines kumulativen Entwicklungsprozesses verstärkt oder immer wieder neu strukturiert werden
- betrachtet die Herausbildung von Zentren und Peripherien
- Stadt gewinnt an Attraktivität
- **„Spread Effects"**: Ausbreitung von Wissen oder technischen Standards vom Zentrum an die Peripherie; gesteigerte Nachfrage des Zentrums nach Produkten

- Zentren wachsen, Peripherien schrumpfen
- **„Polarization-Reversal"**: durch Zufließen von Arbeitskräften und Kapitalerträgen in die Zentren, können Wachstumskrisen entstehen

<u>7.2.2 Das Wachstumspolkonzept</u>
- stellt analytischen Ansatz und regionalpolitisches Instrument dar
- analytischer Ansatz lenkt die Aufmerksamkeit auf Clusterbildung eines Wirtschaftssektors und die sich aufgrund der Verflechtung ergebenden Effekte
- Unternehmensstandorte als Wachstumspole

<u>7.2.3 Produkt- und Regionszyklus</u>
- Stadt als **Standort für wirtschaftliche Aktivität**
- Produktzyklusmodell geht davon aus, dass in Abhängigkeit vom Alter eines Produktes spezifische Nachfragesituationen, ein unterschiedlicher Technologieansatz sowie differierende Gewinne und Standortanforderungen auftreten
- **Innovationsphase**: hohe Informationsdichte, hoch qualifiziertes Arbeitskräfteangebot und diversifizierter Arbeitsmarkt werden vom Standort erwartet
- **Wachstumsphase**: Produktionsablauf vereinfacht und standardisiert und ist daher räumlich transferierbar
- **Reifephase**: billige Arbeitskräfte und billiges Kapital gewinnen an Bedeutung; erheblicher Raumbedarf und ausgereifte Verfahren kennzeichnen den Prozess; Standorte sind in der Peripherie vorgelagert; räumlich ungebunden („footloose")